Radioaktive Luftmessungen im Raum von Badgastein und Böckstein

Von

Egon Pohl und **Johanna Pohl-Rüling**

(Aus dem Forschungsinstitut Gastein der Österreichischen Akademie der Wissenschaften [Mitteilung Nr. 97] und dem Physikalischen Institut der Universität Innsbruck)

(Mit 4 Abbildungen)

(Vorgelegt in der Sitzung vom 11. März 1954)

Die Heilkraft eines Kuraufenthaltes in Badgastein oder Böckstein ist zu einem erheblichen Teil durch das Vorkommen radioaktiver Stoffe bedingt. Nicht allein die Therme Gasteins ist radioaktiv, sondern es hat auch die Luft der Kurorte im Freien, in den Häusern und in den Badekabinen einen überdurchschnittlichen Gehalt an Radiumemanation. Dieses „radioaktive Klima“ des Gasteiner Gebietes stellt einen nicht zu vernachlässigenden Heilfaktor dar. Auch für die Erforschung der Herkunft der Radioaktivität des ganzen Gebietes kann der Emanationsgehalt der Luft an verschiedenen Stellen wertvolle Hinweise geben.

Im Rahmen der wissenschaftlichen Arbeiten des Forschungsinstitutes Gastein haben wir in den Jahren 1949—1952 eine Reihe von Luftproben auf ihren Gehalt an Radiumemanation untersucht und geben hier die Resultate bekannt. Unsere im gleichen Zeitraum durchgeführten Messungen der Radioaktivität von Wässern des Gasteiner Gebietes, der Luft und der Gesteine des Radhausberg-Unterbaustollens (Pasel-Stollens) in Böckstein sind an anderer Stelle publiziert[1 2 3].

---

[1] Johanna Pohl-Rüling, E. Pohl, Wiener Ber., Abt. II, **163** (1954), S. 173

[2] E. Pohl, Johanna Pohl-Rüling, Berg- und Hüttenmännische Monatshefte, **99** (1954), Heft 3.

[3] Chr. Exner, E. Pohl, Jahrbuch Geol. B. A. **94**, 2. Teil, S. 1 (1949—1951).

Diese Untersuchungen werden vielleicht für weitere Arbeiten über den Raum von Badgastein und Böckstein nützlich sein.

Im einzelnen wurden an folgenden Orten Luftmessungen vorgenommen (siehe Abb. 1):

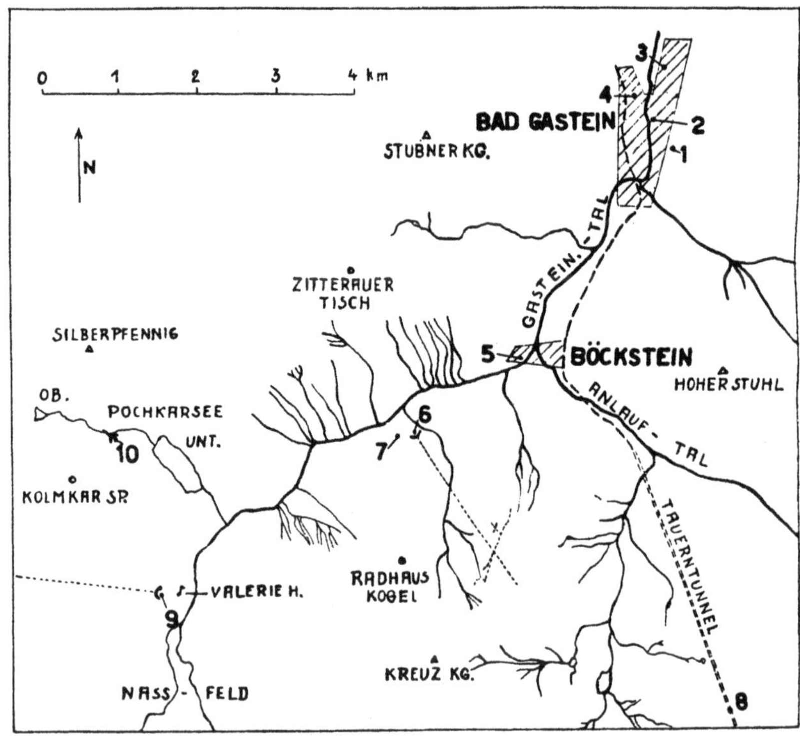

Abb. 1. Planskizze des Gebietes von Badgastein und Böckstein.

I. Badgastein

1 Quellstollen der Quelle Nr. I — Franz-Joseph-Quelle
2 Dunstbad
3 Badehospiz.
4 Hotelzimmer.

II. Böckstein und Umgebung

5 Freiluft im Ortsbereich.
6 Halde Radhausberg-Unterbaustollen.
7 Bodenöffnung an der alten Auffahrtstraße zum Radhausberg-Unterbaustollen.
8 Tauerntunnel.
9 Imhof-Unterbaustollen.
10 Pochkar-Unterbaustollen.

Meßmethode

Die Luftproben wurden immer mittels einer kleinen Gummiball-Handpumpe in einen Gummi- oder Plastiksack von ca. 15 l Inhalt eingefüllt und mit diesem in das Laboratorium transportiert. Zwar geht bei längerem Aufbewahren der Luft in diesen Säcken ein Teil der Radiumemanation durch Diffusion bzw. Absorption verloren, doch kann dieser Verlust nach eingehenden Untersuchungen von J. Pohl-Rüling[4] mittels eines Korrekturfaktors berücksichtigt werden.

Die Bestimmung des Radiumemanationsgehaltes erfolgte mit einem Emanometer nach E. Pohl[5] bzw. in den ersten Jahren mit einer ähnlich aufgebauten Apparatur. Dieses Emanometer erlaubt trotz höchster Meßgenauigkeit eine rasche Meßfolge. Es besteht im wesentlichen aus zwei evakuierbaren, ca. 9 l fassenden Ionisationskammern, welche wahlweise an ein Lindemann-Elektrometer angelegt werden können. Die Schaltvorrichtung des Emanometers gestattet, die Empfindlichkeit des Elektrometers mit wenigen Handgriffen in weiten Grenzen zu variieren. Die Ionisationskammern sind leicht auswechselbar — es stehen insgesamt vier Stück für verschieden starke Aktivitäten zur Verfügung — und können nach jeder Messung zum Wechseln der Innenelektrode, an der sich die Folgeprodukte der Radiumemanation vorwiegend ablagern, leicht geöffnet werden. Für sehr geringe Aktivitäten, z. B. die der Freiluft, kann die Messung auch mit dem Zweikammerverfahren nach Mache und Halledauer[6] erfolgen. Mit dieser Apparatur lassen sich Emanationsmengen von einigen 10^{-13} Curie — das entspricht einer Konzentration in der Ionisationskammer von einigen 10^{-14} C/Liter — bis zu 10^{-7} Curie messen.

Die Tabellen der folgenden Abschnitte geben im einzelnen den Ort und die Zeit der Entnahme sowie die Konzentration der Radiumemanation der Luftproben in 10^{-9} oder 10^{-12} Curie pro Liter (C/Liter), rückgerechnet auf den Zeitpunkt der Entnahme, an.

I. Badgastein

1. Quellstollen der Quelle Nr. I — Franz-Joseph-Quelle

An drei verschiedenen Orten im Quellstollen der Quelle Nr. I — Franz-Joseph-Quelle wurden am 9. Oktober 1952 in der Zeit von 8.45 Uhr bis 9.00 Uhr je zwei Luftproben entnommen. Die Entnahmestellen A, B und C sind aus der Abb. 2 ersichtlich. Die gefundenen Emanationskonzentrationen sind in der Tab. 1 eingetragen.

[4] Johanna Pohl-Rüling, Wiener Ber., Abt. II, **163** (1954), S. 167.

[5] E. Pohl, Naturwissenschaften, **41** (1954), S. 36; Wiener Ber., Abt. II a, **162**, (1953), S. 435.

[6] G. Halledauer, Wiener Ber. II a, **134** (1925), S. 39.

Tabelle 1. Emanationsgehalt der Luft im Quellstollen der Quelle Nr. I — Franz-Joseph-Quelle

(vgl. dazu Abb. 2).

Ort der Entnahme	Zeit der Entnahme	Em.-Gehalt in 10^{-9} C/Liter	Mittelwerte aus beiden Messungen in 10^{-9} C/Liter
A: Nische vor Austritt 1	9^h 00 9^h 05	3,52 3,57	3,54
B: Kammer vor dem Austritt 4	8^h 50 8^h 55	3,60 3,64	3,62
C: Vor der Ortsbrust	8^h 40 8^h 45	2,78 2,60	2,69

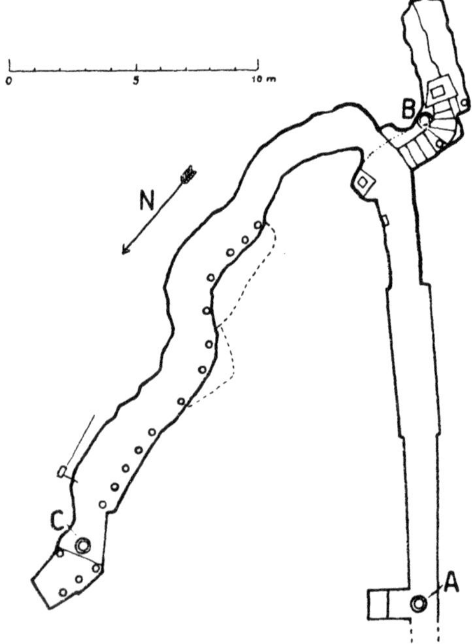

Abb. 2. Grundriß des inneren Teiles des Quellstollens der Quelle Nr. I — Franz-Joseph-Quelle.

A, B, C Entnahmestellen der Luftproben. Punkt A ist 49,7 m vom Mundloch entfernt.

Das Maximum der Emanationskonzentration ist am Meßort B vorhanden. Merkwürdig ist die geringere Konzentration vor der Ortsbrust (C) gegenüber dem weiter außen liegenden Punkt A. Dies ist wahrscheinlich durch Luftdruck und Temperaturverhältnisse bedingt und entspricht den zeitweise im vorderen Abschnitt des Radhausberg-Unterbaustollens auftretenden Aktivitätsmaxima[2].

2. Dunstbad

Über den Austritten 8—11 der Quelle Nr. IX — Elisabeth-Quelle führt ein geschlossener Schacht in das große Sammelrohr im Keller des

Tabelle 2. Emanationsgehalt der Luft in verschiedenen Badekabinen des Dunstbades in Badgastein.

Probe Nr.	Meßstelle	Zeit der Entnahme	Em-Gehalt in 10^{-9} C/Liter	Art der Entnahme und Bemerkungen
1	Unmittelbar über den Austritten 8—11 der Quelle Nr. IX	29. 9. 1951 10^h40	0,98	Entnahme mit Handpumpe aus offenem horizontalem Fenster über der Quelle (Vermischung mit Außenluft).
2	Unmittelbar über den Austritten 8—11 der Quelle Nr. IX	27. 9. 1952 10^h55	2,11	Entnahmeschlauch durch eine kleine Öffnung im Eck des horizontalen Fensters bis knapp über der Wasseroberfläche hängend.
3	Unmittelbar über den Austritten 8—11 der Quelle Nr. IX	27. 9. 1952 10^h50	1,63	Schlauch bei etwas geöffnetem vertikalem Seitenfenster in die Fassung eingeführt.
4	Inhalationsraum Nr. 3 im Parterre des Dunstbades	27. 9. 1952 11^h10	1,53	Luftprobe durch einen etwa 1 m langen Schlauch aus dem Inhalationsrohr herausgepumpt. Kabine war vorher unbenützt.
5	Badekabine des Dunstbades im Parterre rechts	27 9. 1952 11^h20	1,57	Luftprobe durch einen etwa 1 m langen Schlauch aus dem in den Sitzkasten mündenden Rohr bei fast geschlossenem Rohrdeckel herausgepumpt. Kabine wurde vorher benützt und mit offenem Fenster gelüftet.
6	Badekabine des Dunstbades im Parterre links	27. 9. 1952 12^h20	1,80	Schlauch 5—10 cm tief in das offene, in den Sitzkasten mündene Rohr gehalten. Kabine vorher benützt, aber nicht gelüftet.
7	Badekabine des Dunstbades im 1. Stock	29. 9. 1951 10^h17	1,45	Luftprobe aus geschlossenem Schwitzkasten, 5 Minuten nach Schließung des Kastens.
8	Wie 7	27. 9. 1952 11^h25	1,49	Wie 5

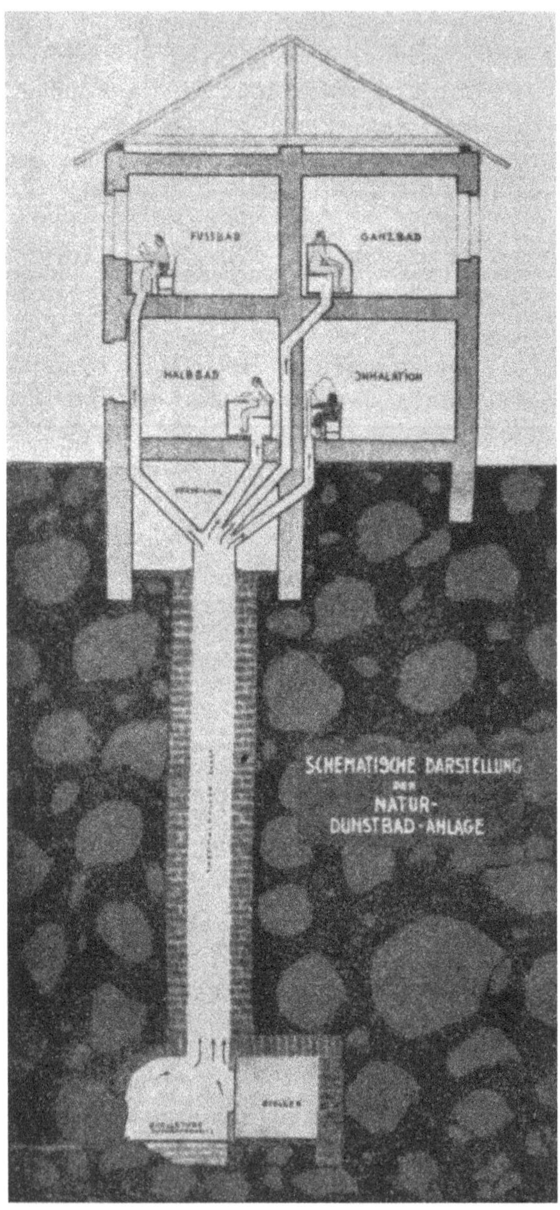

Abb. 3. Schematischer Querschnitt durch das Dunstbad in Badgastein.

Dunstbadgebäudes, welches sich dort in vier gleichstarke Rohre gabelt, von denen drei in die Dunstbadekästen der Badezimmer Parterre links und rechts sowie im ersten Stock münden. Das vierte Rohr teilt sich noch im Kellerraum in drei schwächere Rohre auf, welche die drei Inhalationskabinen im Parterre versorgen. (Die schematische Abb. 3 entspricht in der Rohrführung nicht genau den heutigen Verhältnissen.)

In Tab. 2 sind für jede Probe die Art der Entnahme und die jeweils herrschenden Bedingungen angegeben.

Eine exakte Angabe des Emanationsgehaltes der Luft unmittelbar über den Quellaustritten ist insofern schwierig, da diese mit Glasfenstern gegen die Quellkammern abgeschlossen sind und sich die Luft beim Öffnen der Fenster infolge Konvektion sehr rasch mit der Außenluft vermischt. Deshalb zeigen die einzelnen Meßwerte größere Unterschiede. Am exaktesten dürfte die Entnahme bei Probe Nr. 2 erfolgt sein.

Als maximale Aktivität der Luft in den Badekabinen haben wir 85% des über der Quelle gefundenen Maximums gemessen. Dieser Wert sinkt nur mäßig bei normaler Benützung und Lüftung der Kabinen. Weiters erscheint keine der Bade- oder Inhalationskabinen in bezug auf die Abgabe emanationshältiger Luft bevorzugt.

3. Badehospiz

Im Badehospitz von Badgastein wurden in der Unterwassertherapie-Halle, im EKG-Raum und in einer Badekabine einige Aktivitätsmessungen der Luft durchgeführt. Die Ergebnisse sind in Tab. 3 zusammengestellt.

Die Emanationskonzentration der Luft der Unterwassertherapie-Halle nimmt in Laufe des Betriebes zu, wie es infolge der Entemanierung des Wassers durch die Badenden zu erwarten ist. Am Ende des Betriebes ist die Luftaktivität etwa auf das Sechsfache angestiegen.

Für den EKG-Raum ergab sich eine mittlere Emanationskonzentration von ca. $10 \cdot 10^{-12}$ C/Liter; da dieser Wert nur ein Mittel aus drei Messungen ist, kann er bloß zur ersten Orientierung dienen.

Als mittlere Aktivität der Luft über dem Badewasser bei einem normalen Thermalwasserbad, das ist also die Luft, die der Patient einatmet, ergab sich aus acht Messungen ein Wert von

Tabelle 3. Der Emanationsgehalt der Luft in verschiedenen Räumen des Badehospizes in Badgastein.

Meßstelle	Zeit der Entnahme	Em-Gehalt in 10^{-12} C/Liter	Bemerkungen
Unterwasser-therapie-Halle	22. 10. 1952 10^h30	11,6	Der Raum wurde eine Stunde lang mit dem Ventilator entlüftet.
	23. 10. 1952 10^h00	14,3	Eine Stunde nach Beginn des Betriebes.
	23. 10. 1952 18^h00	65,6	Nach Betriebsschluß.
EKG-Raum	22. 10. 1952 10^h00	2,45	
	22. 10. 1952 18^h00	13,8	
	23. 10. 1952 17^h00	12,4	
Badekabine	29. 9. 1950	109	Entnahme während eines Bades über dem Badewasser in Kopfhöhe des Patienten.
	29. 9. 1950	72	
	30. 9. 1950	68	
	30. 9. 1950	57	
	2. 10. 1950	23	
	2. 10, 1950	25	
	3. 10. 1950	53	
	3. 10. 1950	29	

55 . 10^{-12} C/Liter. Dieser Mittelwert wird jedoch stark von der Größe der Badekabine sowie von der Menge und der Art des Einlassens des Badewassers abhängen.

4. Hotelzimmer

Einige Hotels in Badgastein haben Zimmer mit anschließendem Thermalbad. Es ist von Interesse, wieweit ein Thermalbad in einer solchen Badekabine zur Erhöhung der Luftaktivität des Hotelzimmers beiträgt.

Am 12. September 1949 wurden daher Luftproben aus zwei verschiedenen Zimmern des Hotels Mozart, einem ohne und einem mit anschließender Badekabine, gemessen. Die letztere wurde 1 Stunde nach Einlassen des Bades (bei offener Badezimmertür, aber geschlossenen Fenstern) entnommen und ergab einen Emanationsgehalt von

16,9 . 10^{-12} C/Liter. Das war rund 19mal soviel wie derjenige des Zimmers ohne Bad, der nur 0,9 . 10^{-12} C/Liter betrug.

II. Böckstein und Umgebung

5. Freiluft im Ortsbereich

Kosmath und Gerke[7] haben im Jahre 1935 für Badgastein eine über dem Normalwert liegende Emanationskonzentration der Freiluft gefunden. Sie erhielten als Mittelwert aus zehn Messungen, je zwei an. fünf verschiedenen Stellen des Kurortes, 1,18 . 10^{-12} C/Liter. Wir haben nun den Emanationsgehalt der Freiluft in Böckstein im Sommer und Herbst der Jahre 1949 bis 1952 insgesamt 24mal gemessen. Die Probenentnahme erfolgte stets im westlichen Teil des Ortes (in der Umgebung der Gewerkschaftshäuser), also an der Einmündung des Naßfelder Tales in das Gasteiner Tal.

Die Luftprobe wurde auch hier in Gummi- oder Plastiksäcke eingefüllt, wobei das Meßergebnis unter Berücksichtigung der Diffusion und Absorption der Radiumemanation im Sackmaterial korrigiert wurde. Für die Freiluftmessungen wurden stets eigene Säcke verwendet, welche nach jeder Messung sorgfältig mit emanationsfreier Preßluft gespült und (bis zur nächsten Verwendung) gefüllt wurden.

Die Ergebnisse der Messungen zeigt Tab. 4.

Der Mittelwert aus allen Messungen ist 2,1 . 10^{-12} C/Liter und somit rund 16mal so groß als der mittlere Emanationsgehalt der Freiluft über dem Festlande (0,13 . 10^{-12} C/Liter). Die Einzelwerte, welche zwischen 0,2 und 10,3 . 10^{-12} C/Liter schwanken, sind 1,5 bis 80mal so groß wie dieser Normalwert.

Da in Böckstein sicher englokalisierte Emanationsquellen, wie es z. B. in Badgastein die Thermalwasseraustritte sind, fehlen, waren größere örtliche Schwankungen des Emanationsgehaltes der Freiluft, wie sie Gerke in Badgastein gemessen hat, nicht zu erwarten. Der gefundene Mittelwert wird deshalb zumindest für den ganzen westlichen Teil des Ortes gelten.

Als Ursachen dieser hohen Luftaktivität scheinen zwei Emanationsquellen in Frage zu kommen: 1. der an beiden Flanken des vorderen Naßfelder Tals in großen Flächen anstehende granosyenitische Gneis,

[7] W. Kosmath und O. Gerke, Wiener Ber. IIa, **144** (1935), S. 339.

Tabelle 4. Der Emanationsgehalt der Freiluft in Böckstein.

Meßzeit	Em-Gehalt in 10^{-12} C/Liter	Mittel der einzelnen Meßperioden in 10^{-12} C/Liter
12. 9. 1949 $10^h 10$	$1{,}5_1$	
13. 9. 1949 $10^h 00$	$2{,}1_4$	1,56
14. 9. 1949 $8^h 40$	$1{,}3_4$	
17. 9. 1949 $10^h 15$	$1{,}2_5$	
25. 9. 1950 $7^h 00$	$4{,}0_3$	
26. 9. 1950 $7^h 15$	$1{,}3_6$	
29. 9. 1950 $7^h 10$	$1{,}7_7$	
30. 9. 1950 $9^h 30$	$3{,}4_7$	1,89
2. 10. 1950 $8^h 00$	$0{,}3_8$	
3. 10. 1950 $8^h 15$	$0{,}8_8$	
4. 10. 1950 $8^h 15$	$1{,}3_6$	
28. 8. 1951 $6^h 30$	$2{,}0_0$	
31. 8. 1951 $7^h 25$	$4{,}5_5$	
31. 8. 1951 $12^h 15$	$0{,}4_0$	
22. 9. 1951 $7^h 40$	$1{,}3_2$	2,08
25. 9. 1951 $8^h 40$	$0{,}4_1$	
26. 9. 1951 $8^h 00$	$3{,}3_0$	
28. 9. 1951 $7^h 35$	$2{,}5_7$	
8. 8. 1952 $8^h 45$	$0{,}3_6$	
9. 8. 1952 $7^h 10$	$2{,}1_4$	
13. 8. 1952 $7^h 10$	$10{,}3_0$	2,74
19. 8. 1952 $7^h 20$	$0{,}2_1$	
26. 8. 1952 $9^h 30$	$3{,}6_0$	
13. 9. 1952 $8^h 15$	$0{,}8_4$	

welcher nach E. Pohl[3] viermal so aktiv ist als die übrigen hier vorkommenden Gesteinsarten[8];

2. der Radhausberg-Unterbaustollen im Naßfelder Tal, welcher während der Meßperioden infolge des von Jahr zu Jahr ansteigenden Kurbetriebes immer mehr und mehr künstlich bewettert wurde, wobei eine große Menge emanationsreicher Stollenluft ins Freie gelangte.

[8] Diesen granosyenitischen Gneis hat bereits G. Kirsch (Badgasteiner Badeblatt 16/18, 1939) als besonders aktiv erkannt; seine Angabe einer 20- bis 30fach höheren Aktivität konnte jedoch durch Pohl (l. c.) nicht bestätigt werden.

Es ist bemerkenswert, daß auch die Mittelwerte der Freiluftaktivität von Jahr zu Jahr anstiegen.

Zur Klärung der Frage des hohen Emanationsgehaltes der Böcksteiner Freiluft ist die Zahl der Messungen jedoch noch zu gering. Es müßten dazu ausgedehnte Meßreihen, am besten entlang des ganzen oberen Gasteiner Tales mit gleichzeitiger genauer Registrierung aller Wind-, Luftdruck- und Temperaturverhältnisse, erfolgen.

6. Halde des Radhausberg-Unterbaustollens

Im Rahmen des Therapiebetriebes im Radhausberg-Unterbaustollen ist es auch von besonderem Interesse, welcher Emanationskonzentration die Patienten beim Aufenthalt im Freien vor dem Mundloch bzw. in den Aufenthaltsräumen ausgesetzt sind. Das Laboratorium befand sich in einer ebenerdigen Holzbaracke, in der auch die Untersuchungs- und Liegeräume für die Patienten untergebracht waren.

Tabelle 5. Der Emanationsgehalt der Luft auf der Halde des Radhausberg-Unterbaustollens.

Meßzeit	Em-Gehalt in 10^{-12} C / Liter	Meßzeit	Em-Gehalt in 10^{-12} C / Liter
5. 9. 1949 $17^{h}30$	13,7	3. 10. 1950 $13^{h}30$	0,4
6. 9. 1949 $11^{h}00$	14,5	4. 10. 1950 $10^{h}30$	3,0
7. 9. 1949 $11^{h}00$	4,7	5. 10. 1950 $15^{h}00$	14,2
7. 9. 1949 $14^{h}00$	4,7	5. 10. 1950 $15^{h}30$	5,0*
7. 9. 1949 $17^{h}45$	3,6	28. 8. 1951 $12^{h}00$	17,8
9. 9. 1949 $17^{h}50$	8,1	31. 8. 1951 $11^{h}35$	1,8
10. 9. 1949 $11^{h}35$	5,5	21. 9. 1951 $14^{h}35$	14,5
10. 9. 1949 $12^{h}20$	8,6	22. 9. 1951 $10^{h}10$	5,3
13. 9. 1949 $11^{h}40$	4,1	24. 9. 1951 $11^{h}30$	4,8
13. 9. 1949 $13^{h}35$	6,3	25. 9. 1951 $10^{h}20$	1,2
22. 9. 1950 $11^{h}30$	1,6*	26. 9. 1951 $11^{h}50$	13,0
27. 9. 1950 $14^{h}45$	3,3*	8. 8. 1952 $17^{h}40$	18,0*
28. 9. 1950 $10^{h}30$	1,1	9. 8. 1952 $10^{h}50$	23,6*
29. 9. 1950 $9^{h}00$	16,8	14. 8. 1952 $11^{h}10$	0,5*
30. 9. 1950 $17^{h}30$	3,8	30. 8. 1952 $16^{h}15$	5,1
2. 10. 1950 $16^{h}35$	3,9		

a) Auf der Halde im Freien

Die Luft im Freien vor dem Stollen wurde meist direkt durch einen langen Schlauch, der bis vor das Fenster des Laboratoriums reichte, in die evakuierte Ionisationskammer eingesaugt und sofort gemessen. Einige Proben wurden knapp vor dem Abhang der Schutthalde wie die anderen Luftproben in einen Gummi- oder Plastiksack eingefüllt. Diese Proben sind in der Tab. 5, in der alle Messungen zusammengefaßt sind, durch einen Stern gekennzeichnet.

Das Mittel aus allen 31 Messungen erreicht mit 7,65 . 10^{-12} C/Liter die 60fache mittlere Aktivität der Freiluft über dem Festlande (s. oben).

Dieser hohe Emanationsgehalt stammt sicher zum größten Teil aus dem Stollen und wird deshalb von der Bewetterung desselben und natürlich von den Witterungsverhältnissen (vor allem Wind!) abhängen.

Tabelle 6. Der mittlere Emanationsgehalt der Luft auf der Halde und im Radhausberg-Unterbaustollen in den einzelnen Meßperioden in 10^{-12} C/Liter.

	1949	1950	1951	1952
Halde	7,6	5,6	8,3	11,8
Stollen	2280	1950	2890	2940

In Tab. 6 ist für jede Meßperiode die mittlere Aktivität der Freiluft vor dem Stollen und die zugehörige Aktivität der Stollenluft (beides in 10^{-12} C/Liter) einander gegenübergestellt. Man sieht, daß die mittlere Aktivität der Haldenluft mit der mittleren Aktivität der Stollenluft ansteigt. Der hohe Wert des Jahres 1952 kann der in diesem Jahre besonders starken künstlichen Bewetterung (6 Stunden täglich) zugeschrieben werden, jedoch kommt ihm keine große Bedeutung zu, da er nur aus vier Bestimmungen gemittelt wurde.

b) In den Aufenthaltsräumen der Baracke

Wir haben Messungen in unserem eigenen Laboratoriumsraum, in dem sich nur zwei oder drei mit den Messungen beschäftigte Personen aufhielten, und in einem Liegeraum für die Patienten durchgeführt.

Tabelle 7. Der Emanationsgehalt der Luft im Laboratoriumsraum vor dem Radhausberg-Unterbaustollen.

Meßzeit	Em-Gehalt in 10^{-12} C/Liter	Mittel der Meßperioden in 10^{-12} C Liter
13. 9. 1949 13h12	28,0	
14. 9. 1949 11h20	70,6	49
14. 9. 1949 13h53	69,0	
17. 9. 1949 12h30	28,0	
25. 9. 1950 16h45	75,5	
27. 9. 1950 15h05	77,0	
29. 9. 1950 14h45	67,8	
2. 10. 1950 17h00	75,5	74
3. 10. 1950 13h40	4,4	
4. 10. 1950 10h50	3,0	
5. 10. 1950 16h15	177,0	
6. 10. 1950 11h05	113,0	
28. 8. 1951 12h05	46,0	
31. 8. 1951 12h05	21,8	
22. 9. 1951 10h20	30,0	
24. 9. 1951 11h40	13,3	32
26. 9. 1951 12h00	72,5	
27. 9. 1951 10h05	11,6	
28. 9. 1951 11h20	29,2	
7. 8. 1952 18h30	38,2	
8. 8. 1952 10h50	65,8	
9. 8. 1952 11h10	15,3	
12. 8. 1952 12h00	28,1	
14. 8. 1952 11h25	22,3	
19. 8. 1952 13h30	68,4	
21. 8. 1952 8h45	107,5	
22. 8. 1952 9h55	34,2	62
27. 8. 1952 8h45	53,0	
28. 8. 1952 9h00	49,3	
30. 8. 1952 16h00	26,2	
1. 9. 1952 9h45	163,0	
3. 9. 1952 17h15	139,0	
4. 9. 1952 11h45	62,8	
8. 9. 1952 11h30	74,5	

Die Patienten benützten den Liegeraum zu einer etwa einstündigen Liegekur unmittelbar nach dem Aufenthalt im Stollen, während welcher Zeit sie den größten Teil der im Stollen aufgenommenen Radiumemanation wieder ausatmen.

Die Tab. 7 und 8 zeigen die Meßergebnisse, welche, wie nicht anders zu erwarten ist, stark streuen. Sie reichen von 3,0 bis 177 . 10^{-12} C/Liter für den Laboratoriumsraum und von 7,4 bis 263 . 10^{-12} C/Liter für den Liegeraum. Sind Fenster und Türen geschlossen, so ist die Emanationskonzentration am größten. Bei jedem Öffnen der Türen kommt jedoch Freiluft, die weit weniger aktiv ist, in den Raum und vermindert die Konzentration. Die größten Aktivitäten herrschen jedenfalls in den Liegeräumen nach der Stollenausfahrt, da die nun ruhenden Patienten emanationshältige Luft ausatmen und dadurch den Emanationsgehalt der Raumluft anreichern. Auch morgens vor Öffnen des Fensters wurden hohe Werte gemessen.

Tabelle 8. Der Emanationsgehalt der Luft im Liegeraum vor dem Radhausberg-Unterbaustollen.

Meßzeit	Em-Gehalt in 10^{-12} C/Liter	Mittel der Meßperioden in 10^{-12} C/Liter
28. 9. 1950 $10^{h}55$	11,6	
29. 9. 1950 $10^{h}25$	38,6	
30. 9. 1950 $17^{h}50$	187,0	81
4. 10. 1950 $11^{h}10$	7.4	
5. 10. 1950 $16^{h}00$	163,0	
31. 8. 1951 $12^{h}20$	16,1	
27. 9. 1951 $10^{h}25$	40,0	106
29. 9. 1951 $12^{h}15$	263,0	

Das Gesamtmittel errechnet sich für den Laboratoriumsraum aus 34 Messungen zu 57,5 . 10^{-12} C/Liter und für den Liegeraum aus acht Messungen zu 90 . 10^{-12} C/Liter, das ist die 440- bzw. die rund 700fache Aktivität der normalen Freiluft. Da für den Liegeraum nur acht stark voneinander abweichende Messungen vorliegen, kommt diesem Mittelwert nur eine geringe Bedeutung zu.

7. Bodenöffnung an der alten Auffahrtstraße zum Radhausberg-Unterbaustollen

Geht man die alte Straße auf den Bremsberg, welche kurz hinter dem Gasthaus „Alraune“ von der Naßfelder Straße abzweigt, aufwärts, so findet man knapp vor der Überführung des Schrägaufzuges am rechten Straßenrand eine kleine Bodenöffnung (Abb. 4). Diese Öffnung befindet sich noch im ursprünglichen Berghang und nicht etwa im aufgeschütteten Material. Aus diesem Loch wurden in den Jahren 1950 bis 1952 insgesamt 21 Luftproben mit einem ca. 1 m langen Gummischlauch in den Luftsack abgefüllt und gemessen. Die Ergebnisse sind aus Tab. 9 ersichtlich.

Tabelle 9. Der Emanationsgehalt der Luft aus einer Bodenöffnung an der alten Auffahrtstraße zum Radhausberg-Unterbaustollen.

Meßzeit	Em-Gehalt in 10^{-9} C Liter	Mittel der Meßperioden in 10^{-9} C/Liter
26. 9. 1950 13^h00	1,6	
1. 9. 1951 7^h35	1,48	
22. 9. 1951 10^h45	0,75	
24. 9. 1951 19^h20	1,79	
25. 9. 1951 9^h00	1,87	
25. 9. 1951 15^h30	2,06	
26. 9. 1951 9^h00	2,08	
26. 9. 1951 17^h35	1,86	1,75
27. 9. 1951 10^h50	1,36	
27. 9. 1951 18^h05	2,43	
28. 9. 1951 14^h20	1,48	
28. 9. 1951 17^h50	1,88	
29. 9. 1951 17^h00	2,24	
2. 10. 1951 16^h25	1,54	
8. 8. 1952 9^h15	1,23	
9. 8. 1952 8^h45	1,30	
12. 8. 1952 8^h45	1,25	
13. 8. 1952 9^h30	1,10	1,15
14. 8. 1952 10^h00	1,32	
20. 8. 1952 9^h00	0,78	
11. 10. 1952 12^h45	0,35	

Abb. 4. Die Lage der Bodenöffnung an der alten Auffahrtstraße zum Radhausberg-Unterbaustollen.

Das Mittel aus allen Messungen ist $1{,}51 \cdot 10^{-9}$ C/Liter, das ist etwa so viel wie die mittlere Aktivität im vorderen Abschnitt des Radhausberg-Unterbaustollens. Der Emanationsgehalt zeigt, ebenso wie im Radhausberg-Unterbaustollen[2] selbst, einen Zusammenhang mit dem Barometerstand in dem Sinn, daß nach fallendem Luftdruck höhere Werte gemessen werden als bei steigendem. Berücksichtigt man, daß die Bodenöffnung ziemlich groß und ein deutlicher Luftzug bemerkbar ist, muß man den festgestellten Emanationsgehalt als ungewöhnlich hoch bezeichnen. Das Gelände, in dem sich die Bodenöffnung befindet, ist nicht gewachsener Boden, sondern offensichtlich von einem alten Bergrutsch bedeckt. Es ist wahrscheinlich, daß diese Bodenhöhle mit weiteren mehr oder minder großen Hohlräumen im Gebiet dieses grobblockigen, ausgedehnten Bergrutsches in Verbindung steht.

Die Ursache für die hohe Luftaktivität ist vielleicht der granosyenitische Gneis mit seiner hohen Aktivität[3, 8], der hier ansteht und aus dem auch der Bergrutsch vorwiegend besteht, wobei der Verwitterungszustand eine große Rolle spielen dürfte.

8. Tauerntunnel

Am 19. September 1952 wurden im 8551 m langen Tauerntunnel an zwei Stellen Luftproben entnommen:

a) um 17 Uhr im Tauerntunnel selbst, 3,35 km vom Nordportal entfernt, vor dem Raum des Blockwartes. Diese Probe gab einen Gehalt an Radiumemanation von $10{,}8 \cdot 10^{-12}$ C/Liter.

b) Um 18.15 Uhr im Aufenthaltsraum des Blockwartes. Die Konzentration an Radiumemanation betrug hier $9{,}8 \cdot 10^{-12}$ C/Liter.

Da der Gehalt an Radiumemanation der Luft von den zur Zeit der Messungen vorhandenen Witterungsverhältnissen (Luftdruck und Temperatur) abhängig ist, können obige Werte nur zur ersten Orientierung dienen. Der Luftdruck war innerhalb der letzten vier Tage bis zum Meßtag etwa 10 mm, also ziemlich stark gefallen. Demnach liegen die gemessenen Werte wahrscheinlich über dem Durchschnittswert.

9. Imhof-Unterbaustollen

Am 1. Oktober 1951 haben wir im ca. 5 km langen Imhof-Unterbaustollen, welcher das Naßfelder Tal mit dem Rauristal (oberhalb Kolm-Saigurn) verbindet, fünf Luftproben entnommen, davon vier aus verschiedenen Punkten des Hauptstollens und eine 40 m nördlich im Dionysiusgang, der bei 1800 m vom Hauptstollen abzweigt. Beide Mundlöcher des Stollens waren vor der Messung mindestens eine Woche lang durch Holztüren verschlossen gewesen. Trotzdem herrschte aber im Stollen infolge der Luftdruck- und Temperaturunterschiede an den beiden Mundlöchern ein deutlicher Luftzug. Das Meßergebnis zeigt Tab. 10.

Tabelle 10. Emanationsgehalt der Luft im Imhof-Unterbaustollen.

Meßort	Meßzeit	Em-Gehalt in 10^{-9} C/Liter
1000 m vom östl. Mundloch	$11^h 00$	0,32
2000 m vom östl. Mundloch	$11^h 10$	0,59
3000 m vom östl. Mundloch	$11^h 20$	0,59
4000 m vom östl. Mundloch	$11^h 30$	0,57
Dionysiusgang, 40 m	$13^h 45$	0,82

Der Mittelwert aus allen Messungen beträgt rund $0{,}6 \cdot 10^{-9}$ C/Liter, das ist etwa ein Viertel des einen Tag später gemessenen Mittelwertes im Radhausberg-Unterbaustollen ($2{,}55 \cdot 10^{-9}$ C/Liter)[2].

10. Pochkar-Unterbaustollen[9]

Zwischen dem großen und kleinen (unteren und oberen) Pochkarsee befindet sich an einer Terrainstufe der etwa 420 m lange Pochkar-Unterbaustollen, der wahrscheinlich dieselben Gänge aufschließt, wie sie im Imhof-Unterbaustollen angefahren sind. Knapp vor Ort dieses Stollens bricht am rechten Ulm in Firstnähe ein größerer Wasseraustritt hervor und fließt in Form eines kleinen Wasserfalles zur Sohle. Die Luftmessungen zeigt Tab. 11.

Tabelle 11. Der Emanationsgehalt der Luft im Pochkar-Unterbaustollen.

Meßort	Meßzeit	Em-Gehalt in 10^{-9} C/Liter
200 m	1. 10. 1951 $17^h 10$	6,2
415 m	1. 10. 1951 $17^h 00$	10,8
415 m	2. 10. 1951 $15^h 45$	10,6

Die Emanationskonzentration der Stollenluft vor Ort ist mit fast $11 \cdot 10^{-9}$ C/Liter sehr hoch und übertrifft selbst die höchsten im Radhausberg-Unterbaustollen gefundenen Aktivitäten. Wahrscheinlich stammt diese hohe Aktivität der Stollenluft von dem oben erwähnten Wasser, dessen Emanationsgehalt ebenfalls am 2. Oktober 1952 zu $13{,}6 \cdot 10^{-9}$ C/Liter bestimmt wurde und welches beim Herabstürzen aus dem Felsen kräftig entemaniert wird[10].

Zusammenfassung

Zur Untersuchung des „radioaktiven Klimas" von Badgastein und Böckstein und in Hinblick auf medizinische und geologische Frage-

[9] Wir lehnen uns in der Schreibweise an die ursprüngliche Bedeutung des Namens an (altes Pochwerk zur Erzaufbereitung!). Über die verschiedenen Schreibweisen siehe auch H. v. Zimburg, Geschichte des Gasteiner Tales. Wien, W. Braumüller, 1948.

[10] Messungen der Radioaktivität der Luft und des Wassers im Pochkar-Unterbaustollen liegen bereits aus dem Jahre 1948 von F. Hernegger, Radiuminstitut Wien, vor (Arbeitsbericht an das Forschungsinstitut Gastein vom 11. 4. 1949): Emanationsgehalt der Stollenluft vor Ort am 14. 8. 1948: 34,1 Mache-Einheiten ($12{,}3 \cdot 10^{-9}$ C/Liter); Wasser: 18–20 Mache-Einheiten ($6{,}5$–$7{,}2 \cdot 10^{-9}$ C je Liter).

stellungen haben wir in den Jahren 1949—1952 eine Reihe von Luftproben auf ihren Gehalt an Radiumemanation geprüft. Es wurde die Luft im Freien, in Aufenthalts- und Kurräumen und in einigen Bergwerkstollen der Umgebung gemessen. Unter den Ergebnissen ist besonders bemerkenswert der hohe mittlere Emanationsgehalt der Freiluft in Böckstein ($2,1 \cdot 10^{-12}$ C/Liter). Den höchsten Meßwert fanden wir im Pochkar-Unterbaustollen mit $11 \cdot 10^{-9}$ C/Liter.

Die in den Sitzungsberichten Abt. I und Abt. II der math.-nat. Klasse der Österr. Akad. d. Wiss. erscheinenden Abhandlungen werden auch einzeln abgegeben. Sie können durch jede Buchhandlung oder direkt durch die Auslieferungsstelle der Österreichischen Akademie der Wissenschaften (Wien I, Singerstraße 12) bezogen werden.

Nachfolgende Abhandlungen aus dem Fach **Physik** sind erschienen:

1950 (1949) (S II a, Bd. 158):

Koczy Gerta: Weitere Uranbestimmungen an Meerwasserproben, 8 Seiten. S 5.40

Lintner K.: Wechselwirkung schneller Neutronen mit den schwersten stabilen Kernen (Bi, Pb, Tl und Hg) (mit 15 Textfiguren), 33 Seiten. S 12.—

Lintner K., Moser H. und Cerny J.: Methodik der Kugelversuche zur Bestimmung der Wirkungsquerschnitte gegenüber schnellen Neutronen, 11 Seiten. S 6.40

Tomiser J.: Neue Wege in der spektroskopischen Blutuntersuchung (mit 3 Tafeln), 4 Seiten. S 6.40

1950 (1950) (S II a, Bd. 159):

Blau Marietta: Bericht über die Entdeckung der durch kosmische Strahlung erzeugten „Sterne" in photographischen Emulsionen, 4 Seiten. S 4.—

Danninger R. und Sirk H.: Theorie des in einer magnetisch abgelenkten Glimmentladung auftretenden Druckgefälles, 4 Seiten. S 3.40

Feuchtinger K.: Ableitung des zweiten Hauptsatzes für reversible Prozesse (mit 2 Abbildungen). S 3.40

Glaser W.: Zur wellenmechanischen Theorie der elektronenoptischen Abbildung (mit 2 Abbildungen), 63. Seiten. S 58.—

Haupt H.: Über Phasenkoeffizienten und Albedo der kleinen Planeten Ceres, Pallas, Juno und Vesta, 20 Seiten. S 21.60

Hess V. F.: Persönliche Erinnerungen aus dem ersten Jahrzehnt des Instituts für Radiumforschung, 3 Seiten. S 4.—

Hevesy G. v.: Erinnerungen an die alten Tage am Wiener Institut für Radiumforschung, 2 Seiten. S 4.—

Meyer St.: Die Vorgeschichte der Gründung und das erste Jahrzehnt des Institutes für Radiumforschung, 26 Seiten. S 4.—

Paneth F. A.: Aus der Frühzeit des Wiener Radiuminstituts. Die Darstellung des Wismutwasserstoffs, 3 Seiten. S 4.—

Przibram K.: 1920 bis 1938, 7 Seiten. S 4.—

Rieder W.: Der Szilard-Chalmers-Effekt mit langsamen und schnellen Neutronen (mit 5 Abbildungen), MIR Nr. 462, 14 Seiten. S 13.—

Wieninger L. und Adler N.: Über die Verfärbung von nat. Steinsalzkristallen durch Bestrahlung mit α-Teilchen von RaF (mit 7 Abbildungen), MIR Nr. 472, 12 Seiten. S 13.80

Wieninger L.: Über die Bestrahlung natürlicher, gefärbter Steinsalzkristalle mit α-Teilchen von RaF (mit 7 Abbildungen), MIR Nr. 466, 15 Seiten. S 15.—

Wieninger L. und Adler N.: Über den Einfluß der Erwärmung auf das Absorptionsspektrum des mit RaF-x-Strahlen verfärbten Steinsalzes (mit 7 Abbildungen), MIR Nr. 467, 11 Seiten. S 9.60

Wieninger L.: Über die Verfärbung von gepreßten Steinsalzkristallen durch Bestrahlung mit α-Teilchen von RaF (mit 5 Abbildungen), 12 Seiten. S 9.60

1951 (S II a, Bd. 160):

Bernert Traude: Radiumbestimmungen an Tiefseesedimenten (mit 3 Abbildungen), MIR Nr. 483, 12 Seiten. S 6.30

Böhm W.: Kolloide und Farbzentren in additiv verfärbtem Steinsalz (mit 5 Abbildungen), 18 Seiten. S 8.—

Brukl A., Hernegger F. und Hilbert Hermine: Zur Kenntnis neuer in der Natur vorkommender α-Strahler (mit 9 Abbildungen), MIR Nr. 482, 17 Seiten. S 5.50

Mayerl Margarete: Bestimmungen der optischen Konstanten des Calciums und Anwendung der Mieschen Theorie auf die Verfärbung des Flußspates (mit 5 Abbildungen), 7 Seiten. S 3.50

Wieninger L.: Ein Beitrag zur Klärung der Frage nach Wesen und Ursprung der Violett- bzw. Blaufärbung natürlicher Steinsalzkristalle (mit 13 Abbildungen) MIR Nr. 474, 33 Seiten. S 10.50

GPSR Compliance
The European Union's (EU) General Product Safety Regulation (GPSR) is a set of rules that requires consumer products to be safe and our obligations to ensure this.

If you have any concerns about our products, you can contact us on

ProductSafety@springernature.com

In case Publisher is established outside the EU, the EU authorized representative is:

Springer Nature Customer Service Center GmbH
Europaplatz 3
69115 Heidelberg, Germany

www.ingramcontent.com/pod-product-compliance
Ingram Content Group UK Ltd.
Pitfield, Milton Keynes, MK11 3LW, UK
UKHW021927190726
13853UKWH00002B/898

* 9 7 8 3 6 6 2 2 3 1 2 7 2 *

ISBN 978-3-662-23127-2 ISBN 978-3-662-25100-3 (eBook)
DOI 10.1007/978-3-662-25100-3